藏在身边的自然博物馆

动物馆

刘乐琼 主编

王灵捷 著

宋瑶 刘正一

曹佳丽 王安雨 绘

在乡村　　在城市

童趣出版有限公司编　人民邮电出版社出版

北　京

图书在版编目（CIP）数据

　　藏在身边的自然博物馆. 动物馆 / 刘乐琼主编 ；王灵捷著 ； 宋瑶等绘 ； 童趣出版有限公司编. -- 北京 ：人民邮电出版社，2022.4
　　ISBN 978-7-115-58371-0

　　Ⅰ．①藏… Ⅱ．①刘… ②王… ③宋… ④童… Ⅲ.①自然科学－少儿读物②动物－少儿读物 Ⅳ．①N49②Q95-49

　　中国版本图书馆CIP数据核字(2021)第254879号

责任编辑：安　洁
执行编辑：王壬杰
责任印制：孙智星
封面设计：韩　旭
内文排版：韩木华　董　雪

编　　　　：	童趣出版有限公司
出　　版：	人民邮电出版社
地　　址：	北京市丰台区成寿寺路 11 号邮电出版大厦 （100164）
网　　址：	www.childrenfun.com.cn

读者热线：010-81054177
经销电话：010-81054120

印　　刷：北京华联印刷有限公司
开　　本：889×1194 1/16
总 印 张：12.25
总 字 数：250 千字

版　　次：2022 年 4 月第 1 版 2022 年 4 月第 1 次印刷
书　　号：ISBN 978-7-115-5-58371-0
总 定 价：108.00 元（全套 4 册）

中国科学院院士致小读者

在人们的生活中，几乎到处都能见到动物，无论是常见的鸡、鸭、鹅、猫、狗、羊、猪，还是小到会被我们忽略的蚊、蝇，它们都与人类密切相关，有的是人类的朋友，有的则是人类的敌人。许多人喜欢动物，尤其是孩子们更喜欢看动物，跟动物玩耍，和动物交朋友。然而，人们对这些动物的生活习性、生活环境、个体特征并不很了解，该保护的不知怎么保护，该躲避的不知如何去躲避……

由教育工作者和科学工作者共同合作完成的《藏在身边的自然博物馆·动物馆》这套书，以优美逼真的图画和生动童趣的语言，详细描绘了森林、草原、沙漠、极地等不同环境条件下的各种动物，有天空飞的，地上跑的，水里游的……为孩子们展现了丰富多彩的动物世界，犹如身边的动物园，使孩子们不出家门就能看到动物，了解动物与生态环境的关系， 动物与人类的关系，为孩子们打开一扇走近动物世界、爱上大自然的门窗。

主编的话

孩子王献给孩子们的礼物

　　我是一名幼儿教育工作者，15年前自北京师范大学学前教育系毕业后，就来到中国科学院幼儿园工作，成为了一名名副其实的"孩子王"。和孩子们待久了，会被他们眼中的光和心中的爱所感染，他们成为了我的老师。

　　他们是一群对世界充满了热烈的爱的人。目光所及，都是因爱而生的热烈拥抱，不论是一个同伴、一只小动物、一棵大树、一池沙子还是一汪泥潭，孩子们最喜欢做的就是毫不掩饰自己的喜爱，奔向他们，拉住他、摸摸它、抱抱它、捧起它、踩踩它。

　　他们是至真的，用真实的想法、真实的行动、真实的情感，去探索、发现这个世界的真相。他们是至善的，万物没有高低贵贱，在他们那里一概得到公平的拥抱。他们是至美的，艺术在他们那里是有一百种的，树叶沙沙、鸟鸣啾啾即是音乐，光影炫动、花红柳绿即是美术，心随我动即是舞蹈，每个符号都是创造，每个经过孩子手的物件都是新派艺术。

　　大自然就是孩子们最好的课堂，他们愿意去和植物、动物亲近，这仿佛是一种天然的联系。就像这套书里所描绘的，斗蛐蛐儿、观察乌龟、和小鸟为伴、抓蚯蚓、用树枝逗一逗西瓜虫，和大自然为伴，他们就好像拥有了幸福快乐的超能力。

和孩子们一起，看着他们，听着他们，读懂他们，理解他们，进而向他们学习，是难得的幸福，这就是做孩子王的快乐。

受益于孩子，总想把"最好的献给孩子"。

对儿童来说，什么是最好的呢？我一直告诫自己，不能用成人的视角替孩子说话，妄下结论。作为孩子王的我，比常人有更多向孩子们请教的机会，我时常用眼神、语言、动作去追寻孩子们的期望，得出了三点启示。

一是用孩子懂的方式呈现在孩子们面前的，往往是孩子们眼中的"好"。

二是用同伴式而非教师爷的方式来到孩子身边的，也能得孩子们的欢心。

最后一条，假如你是充满爱意的，孩子们总能感受到，而且也愿意热烈地回应你。

这是我做孩子王的心得，不论是做老师还是做父母的你，都可以试试。此次受邀组织编写一套写给孩子们的科普书，我也践行以上三点体会。

要让孩子读得懂，就得从孩子们身边抓取信息，比如狗是人类的好朋友，它们是怎样和我们互助的？猫咪的眼睛颜色为什么那么奇怪？瓢虫身上究竟有几个点点？喜鹊和乌鸦是亲戚吗？金鱼的腮帮子一闭一合，是在玩什么呢？

同伴式的呈现，不是急于告诉孩子们什么，而是用同伴的指引，共同去发现书中的秘密，通过一些引导式的精巧设计，仿佛给孩子找了一个好朋友，共读、共研、共学、共成长。就像书里特意绘制的孩子玩耍的场景，会自然而然把孩子带入进来。

而爱意就在那些精美的读给孩子听的文字里，在那些经过了无数次打磨的优美的线条、多姿的色彩和无数的细节刻画里。

孩子们，我把这套书献给你们！

刘乐琼

中国科学院幼儿园

目 录

城市里的动物们 / 17

乡村田园里的动物们

我们一天中能遇到很多动物。也许有挥舞着大钳子的小龙虾，还有横着走路的螃蟹，可能有吐泡泡的金鱼，还有嗡嗡叫吵得你睡不着的蚊子……不但有天上飞的、地上跑的，还有水里游的、洞里藏的，不同的动物有着不同的特点。长颈鹿是最高的，蓝鲸是最大的；鸵鸟是鸟，但不会飞翔；弹涂鱼是鱼，却可以离开水呼吸……

要了解这些动物其实并不难，一切就从我们身边开始吧。乡村田园是我们的第一站。

白天的农家小院

辛勤的蜜蜂、美丽的蝴蝶、忠诚的小狗、成群的鸡鸭……乡野间开着一间巨大的"动物乐园"。

你瞧，院子里可真热闹！

刚出生的小鸡就已经能跟着母鸡妈妈四处觅食了，它们这里瞧瞧，那里啄啄，把农场的地上搜了个遍。小猪们饿得肚子咕咕叫，正等着开饭呢。大白鹅神气十足地正准备巡视自己的领地。牛被皮蝇们招惹得不耐烦了，用尾巴扑打着驱赶。

鸭子在用扁扁的喙（也就是它的嘴）梳理羽毛呢。它们可不是在挠痒痒，而是在为下水做准备。

到了夜晚，动物们大多安心地睡了，只剩下蟋蟀还躲在角落里偷偷唱着歌。

会咬人的大白鹅

家鹅，脊索动物门，鸟纲，雁形目，鸭科

你听说过鹅会攻击人吗？这可不是谣言。鹅有非常强的领地意识，是种有点儿霸道的动物，决不允许别人擅自闯入它们的地盘。鹅的眼睛构造比较特殊，使得在它们看来位于它们前方的动物都比它们矮小，人也不例外。因此它们不但不怕人，还会主动发起进攻。

不要招惹大白鹅！

鹅还是一种群居动物，行走的时候就像一列秩序井然的士兵。走在乡野的小道上，如果耳边传来"昂昂昂"的叫声，请注意避让！

"丑小鸭"

鹅宝宝们刚出生的时候，和鸭子宝宝长得很像。你能分清这些小家伙吗？

大白鹅部队

作为鸟类的一种，鹅虽没有牙齿，但它们咬人却特别疼。因为它们长着厚厚的嘴甲，喙的边缘是锯齿的形状。这样的"假牙"是为了帮助大白鹅们在水中滤食。

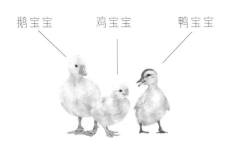

鹅宝宝　　鸡宝宝　　鸭宝宝

独立的小鸡

家鸡，脊索动物门，鸟纲，鸡形目，雉科

"咯咯哒——"母鸡妈妈又产下了一枚蛋，母鸡成年后，几乎全年都可以下蛋，不过不是每一颗蛋都能孵出小鸡的。经过受精的鸡蛋在母鸡悉心孵化后，才能换来小鸡宝宝的破壳。

小鸡宝宝用自己的卵齿啄开蛋壳，努力挣扎出来。刚破壳而出的宝宝们就能睁开双眼，身上也有绒毛保护着。等绒毛干透了，它们就能跟在妈妈后面觅食了。

母鸡要坚持孵蛋 21 天左右。

是鸟却不会飞？

家鸡的翅膀又短又圆，这样的身体构造让它无法飞向蓝天。不过，习惯地面生活的家鸡拥有独特的弯弓形喙，特别擅长啄取植物种子。

鸡还会吃小石子？

你见过鸡边走边啄地上的小石子吗？吃进肚的小石子能在胃里研磨食物，让它们的消化能力大大增强。

独立的小鸡宝宝

像小鸡这样一出生就能基本独立的鸟类宝宝，叫作"早成雏"。那些出生的时候身上光溜溜的，眼睛无法睁开，只能等待喂食的鸟宝宝就叫作"晚成雏"。

会"呼吸"的鸡蛋

鸡蛋的壳主要由钙质构成，表面有很多小气孔，既能保护里面的小鸡胚胎，又能让它自由呼吸。

小兔子的秘密

家兔，脊索动物门，哺乳纲，兔形目，兔科

兔子们长着大门牙、短尾巴和长长的耳朵。大门牙是兔子们啃咬食物的利器，短短的尾巴帮助它们在跳跃时保持平衡，而长长的耳朵让兔子对外部声音更警惕。

兔子的眼睛都是红彤彤的吗？其实兔子的眼睛还有蓝色、黑色、灰色等。它们眼睛的颜色和体内的色素有关，也总是和毛色搭配起来的。黑色和灰色的兔子，眼睛颜色也会比较深。而小白兔身体里不含色素，眼睛是无色的，眼球里的血色也就清晰地展现在我们面前了，所以看起来是红色的。

家兔的耳朵

家兔的眼睛

家兔的嘴巴

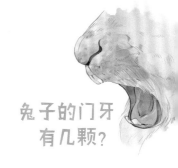

兔子的门牙有几颗？

兔子的两颗大门牙十分可爱，但不要误以为兔子只有两颗牙齿。小兔子一共长着 28 颗牙齿，光是上门牙就有前、后两对。小门齿正躲藏在大门齿背后呢！

安静的兔兔

兔子通常比较安静，如果你的兔子发出了叫声，可能是出现了什么异样，一定要留意哟！

兔宝宝光溜溜

刚出生的兔宝宝个头小小的，几乎没有毛发，眼睛也睁不开。

你知道吗？

我国的野兔和家兔是完全不同的物种，它们刚出生的宝宝有很大的不同哟。

不停咀嚼的牛

黄牛，脊索动物门，哺乳纲，偶蹄目，牛科

牛儿们不论是在进食还是在休息时，嘴巴总在不停地咀嚼着，好像一天都在吃东西。其实，它们是在把胃里没有完全消化的食物返送回嘴里，再次咀嚼吞咽，直到食物被肠胃完全分解。这样反复消化的过程叫作"反刍"。

许多食草动物都有反刍的习惯，比如羊、鹿等。如果长时间没有看到它们做咀嚼的动作，有可能是它们的肠胃出了问题。

牛儿的工作

许多牛科的动物都是家畜，比如黄牛、水牛、奶牛，它们帮助农民伯伯耕地、拉磨，产出牛乳，制成各种人们喜爱的乳制品。黄油和奶油就是用牛奶制成的。

黄牛不只有黄色

我国本土的牛大多是棕黄色的，因此人们习惯用"黄牛"称呼所有本土的牛。实际上，黄牛也有黑色或棕红色的。

反刍动物一般有 4 个胃室。

瘤胃　网胃　瓣胃　皱胃　盲肠

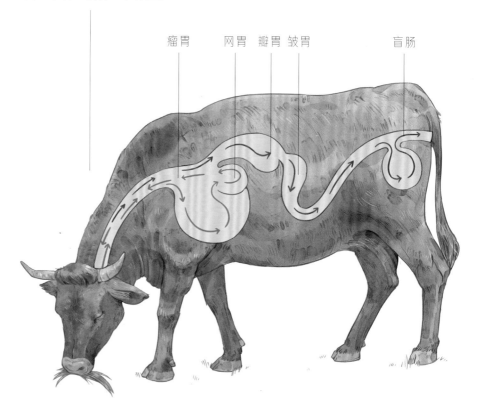

牛科家族

动物们的名字和它们所属的科目不一定有关联，比如山羊和绵羊也来自牛科呦！

小猪并不懒

猪，脊索动物门，哺乳纲，偶蹄目，猪科

刚刚出生的小猪耳朵是向后贴着的，它们睁着大大的眼睛，浑身粉嘟嘟的，能听到声音，也能看到东西。小猪一来到这个世界上，就忙碌了起来。它们要先从胎衣里面钻出来，挣断连着自己和猪妈妈的脐带，再找到妈妈的乳头，吮吸温暖甜蜜的乳汁。小猪们一出生就要完成这么多任务，一点儿也不"好吃懒做"吧。

猪妈妈一胎能生下十多只猪宝宝呢。

 猪鼻子的功能

猪的鼻子是椭圆形的，不仅仅是嗅觉器官，鼻腔里的黏膜还能够过滤掉空气中的灰尘和一些细菌，是一层天然的口罩。防毒面具的发明就有猪鼻子的功劳。

小猪也有"身份证"

农场里的小猪耳朵上有标记或是缺口，这些记号其实是它们的"身份证"。

骡子真能驮

骡，脊索动物门，哺乳纲，奇蹄目，马科

骡子是马和驴子生下的宝宝，它们长着马一样的大长脸和驴子一样的长耳朵，既拥有马的服从性和强健的体魄，又拥有驴子的良好耐力。但是杂交而生的骡子并没有繁殖能力。像骡子这样，不同种类的动物杂交而生的动物一般都不能产下后代。

火眼金睛

你能辨认出马、驴和骡子吗？找找它们的不同之处吧。

骡子能帮助人们背负重物，一头骡子就能驮起 500 斤的货物呢。

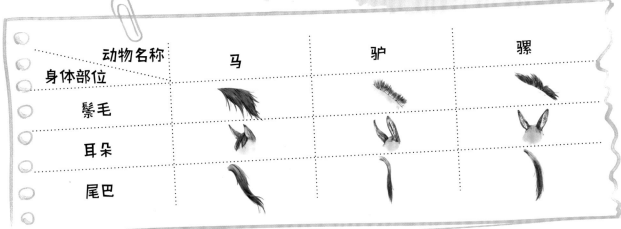

动物名称 / 身体部位	马	驴	骡
鬃毛			
耳朵			
尾巴			

夜晚的农田

　　夜幕笼罩下的农田开着热闹的动物派对。青蛙鼓着腮帮子卖力地唱歌，小田鼠蹑手蹑脚地在田里四处搜寻食物，萤火虫一闪一闪地装点着夜空，蟋蟀躲在角落里吟唱，蚯蚓则无声地在泥土里穿行……夜晚的农田没有了人类的活动，小动物们都更加大胆了，各自忙碌着，享受着美好的时光。探索着叫声，循着光亮，也许我们就能发现它们的踪迹。

蟋蟀的腿上长"耳朵"

蟋蟀，节肢动物门，昆虫纲，直翅目，蟋蟀科

蟋蟀喜欢穴居，一般在夜晚才出来活动。如果想要捕捉到它的身影，可以循着叫声，翻开杂草或砖石，仔细瞧瞧。蟋蟀们摩擦翅膀，就能像演奏乐器一样发出短促清脆的响声。这种特殊的"歌唱"技巧只有雄性蟋蟀拥有，借助"歌声"，它们就能把雌性蟋蟀吸引到身边。不过大多数时候，蟋蟀都是"独行侠"，它们只在繁殖季节寻找异性伴侣。

蟋蟀的"耳朵"在哪里？

它们的听器并不在头部，而是长在前足胫节上，可以帮助蟋蟀轻松判断声音来自什么方位。

雌蟋蟀还是雄蟋蟀？

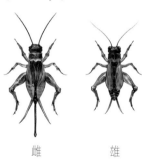

雌　　　　雄

雌蟋蟀的尾部多一根"须"，那是它们的产卵器。而雄蟋蟀尾部没有针状产卵器，只有自臀尖向斜后方长出的两只尾巴。

斗蛐蛐儿

两只雄性蟋蟀经常会为了争夺领地或是异性而咬斗起来。因此人们会把两只雄性蟋蟀放在同一个罐子里，观赏它们打斗的场面，这就是"斗蛐蛐儿"。

夏日鸣蝉

蝉，节肢动物门，昆虫纲，半翅目，蝉科

炎热的夏日，我们能听到蝉在树上唱个不停。即便入夜了，它们还是和白天一样吵闹。和蟋蟀一样，会"鸣唱"的都是雄蝉，雌性不会鸣叫。但蝉要发出声音，既不靠喉咙，也不靠振动翅膀，而是通过腹部的发声器完成的。雄蝉们高唱是为了吸引雌蝉，在短暂的地上生活里完成繁衍下一代的使命。

蝉的一生

蝉抱在大树上的时候，会吸食树皮下的汁液。

蝉的大多数时间都是以若虫的形态在地下生活，来到地上的时间很短很短。就在这些明亮而短暂的日子里，它们会从幼体转变为成虫，寻找配偶，产卵。之后，它们的生命也就走到了尽头。

蝉蜕的艺术

夏天是蝉的若虫们爬出泥土、羽化成虫的重要时期，也许你还能在树下找到掉落的蝉蜕。毛猴就是一种利用蝉蜕和其他中药材制作而成的传统手工艺品。

光的乐园

萤火虫，节肢动物门，昆虫纲，鞘翅目，萤科

夜晚的田野在萤火虫的装扮下，变成了一座光的乐园。萤火虫们能发光，是因为它们体内含有荧光素。成年的萤火虫腹部末端长着发光器，能闪动着发出信号，吸引其他同伴。不仅萤火虫的成虫能发出光芒，就连它们的卵、幼虫，甚至是蛹都能发光。不过我们不用担心萤火虫会被自己发出的光灼伤，因为它们产生的是冷光，没有热量。

萤火虫对栖息环境的要求很高，所以我们很难在污染严重的城市里发现萤火虫的身影。

萤火虫的光是它们之间交流的信号。不同频率的光代表着不同的含义。

萤火虫幼虫的最爱

萤火虫可不是"素食主义者"，它们的幼虫最爱的食物竟然是蜗牛。它们能够麻醉蜗牛，然后分泌消化液，让蜗牛的身体溶解，最后吮吸着享用这顿美餐。

都能发光！

雌性和雄性萤火虫都能发光。雌性萤火虫虽然没有翅膀，不能飞翔，但它们能发出很亮的光吸引雄性萤火虫来到自己身边。

飞蛾真的会扑火吗？

蛾，节肢动物门，昆虫纲，鳞翅目

我们总能看到飞蛾围着路灯，甚至一切发光的东西打转，这是因为飞蛾具有很强的正趋光性。飞蛾扑火确实会发生。许多夜间活动的昆虫都拥有这种特性，人们也会利用它们的这一特性，借助光源捕杀一些害虫。但同时，城市中的光污染严重也导致了一些昆虫在夜晚误撞上大型的广告灯箱等发光物而死亡。

豹纹蛾

鬼脸天蛾

蜂鸟鹰蛾

大蚕蛾

不会飞的蛾

并不是所有蛾类都擅长飞行。我们最熟悉的家蚕经过漫长的驯养，其成虫身体庞大，而两对翅膀较小，几乎不会飞行了。

多彩蛾类

蛾类的外形各异，豹纹蛾身披"豹纹"，而蜂鸟鹰蛾被称为昆虫界的"四不像"，看起来既像蜂鸟，又像蝴蝶。

布谷鸟的绝招

布谷鸟，即大杜鹃，脊索动物门，鸟纲，鹃形目，杜鹃科

你听到过林间传来"布谷——布谷——"的叫声吗？这种节奏感很强的鸣叫来自雄性的大杜鹃，它们正在寻求自己的伴侣呢。它们因为标志性的叫声，也被人们叫作布谷鸟。

可布谷鸟不会自己营巢和孵卵，在鸟妈妈快生宝宝的时候，会提前寻找其他雀鸟的窝。趁着鸟窝的主人不在，把蛋产下，然后迅速撤离。它们不但把宝宝生在"别人家"，还让那些"无辜的"鸟妈妈帮它们孵化和哺育小布谷鸟。

鸟妈妈的考验

有的鸟妈妈会发现窝里陌生的鸟蛋，把布谷鸟鸟蛋清出鸟巢。而没能发现异样的鸟妈妈，就只能白忙活一场了。

巢寄生

像布谷鸟这样的繁殖方式叫作巢寄生。如果我们看到一只瘦小的鸟妈妈正在哺育一只个头比它大好几倍的鸟宝宝，这可能就是巢寄生的结果。

"霸道"的布谷鸟宝宝

小布谷鸟甚至会在破壳之后，用身体把其他鸟蛋推出窝外，独自霸占"母爱"。

隐居的夜鹭

夜鹭，脊索动物门，鸟纲，鹳形目，鹭科

夜鹭像是个隐士，白天常常隐藏在沼泽、灌木丛或是树林里，到了黄昏或者夜晚，才结群出动，在水边或浅水区觅食。如果没有受到干扰或者威胁，夜鹭不会离开自己"隐居"的地方。

在我国的长江以南，夜鹭是留鸟，并不做季节性的迁徙。有时候我们还能在小区的池水边看到它们的身影，听到那如大狗一般的叫声，它们真是一点儿都不怕人呢！

有时候，夜鹭也会单独伫立在水中的石块或是植物上，眼睛紧紧地盯着水面，等待猎物靠近。

藏起来的脖子

夜鹭伸长了脖子。

飞行时的夜鹭会缩着脖子。

跟其他鹭鸟相比，夜鹭像个弓着背的老人家，其实它只是把长脖子缩了起来。仔细看看，它的脑袋后面还拖着几根灰白色的长羽毛呢！

幼鸟大不同

夜鹭的幼鸟全身披着棕色的羽毛，能够更好地隐藏在大自然里。

池塘的歌

青蛙，脊索动物门，两栖纲，无尾目，蛙科

夜晚池塘里传来"咕——呱——"的"歌声"，这是雄性青蛙正在呼唤配偶呢。

青蛙的幼年时期是小蝌蚪的形态，它们长着大大的脑袋，拖着扁长的尾巴。慢慢地，蝌蚪长出四条腿，等尾巴彻底消失，它们就成年啦，可以离开水，去看看陆地上的风景。这种在水中和陆地上都能生活的动物，叫作两栖动物。

蛙泳高手

青蛙的脚趾之间有蹼。这样几片薄膜状的皮肤能让青蛙们在水中获得更多的阻力，推动身体向前进。青蛙两腿弯折再蹬直，前肢配合着从前往后划水，这套流畅的游泳动作被人类学了去，也就是蛙泳。

青蛙的嘴巴两侧长着声囊，就像音箱一样可以共鸣发声。

小蝌蚪成长记

孵化出蝌蚪　　　　长出后腿　　　　长出前肢　　　　尾巴退化　　　　尾巴消失

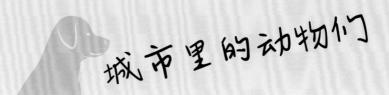
城市里的动物们

　　离开了田野，我们来到城市中。这里有钢筋水泥，有车水马龙，但只要你驻足观察，就能捕捉到动物们的身影。从家里的宠物，到电线杆上的麻雀，再到动物园里饲养的各种动物，甚至是迁徙途中的候鸟，总之，城市里的我们也总有动物的陪伴。

　　一起去这座"都市森林"看看吧！

生活在家里的动物们

　　猫和狗是我们最常饲养的宠物，大型的、小巧的、霸气的、呆萌的……我们经常能在公园、街头，甚至小区里和它们邂逅。不过，还有一些热衷于"宅"在家的宠物，比如爱在鱼缸里表演花式泳姿的金鱼，喜欢安静地趴在角落里的乌龟，老在笼子里探头探脑寻觅食物的仓鼠，以及享受着整理羽毛的鹦鹉……宠物给人们的生活增加了一抹亮色，治愈着每一颗心灵。让我们来认识一下这些可爱的小动物吧！

金鱼爱吐泡泡

金鱼，脊索动物门，鱼纲，鲤形目，鲤科

到花鸟鱼虫市场走一圈，你也许会为鱼缸里各种品种的观赏鱼惊叹。它们有的鼓着又大又圆的水泡眼，有的摇动着花瓣一样的尾巴，有的顶着高高的额头，这些金鱼其实都是人工培育而来的。它们的祖先是野生的红黄色鲫鱼，身体比较扁平，尾巴也是普通的"Y"字形。经过不断筛选和培育，观赏型金鱼们的头、身体和尾巴都变得十分有特点，让人目不转睛。

金鱼有几对鱼鳍？

我们常常以为金鱼只有身体两侧、尾巴和背脊的鳍，其实它们肚子下还长着一对腹鳍呢。这对腹鳍能帮助金鱼在水中稳定身体，还能辅助升降。

你知道吗？

金鱼的腮帮子总是一开一合的，鳃盖的开合运动能让它们摄入水中的氧气。

有个性的喵星人

猫，脊索动物门，哺乳纲，食肉目，猫科

　　猫科动物都是自然界中的顶级猎手，而我们身边的小小猫咪，就是一只缩小版的猛兽。它们犬齿发达，爪子可以灵活收缩，还拥有强大的平衡能力，从高处落地的过程中能快速调整方向，始终让四肢先着地。猫咪们也有温柔的一面。它们会用脑袋、脸颊磨蹭主人的腿，标记下气味，标明这是它喜欢的人。它们还会在阳光下用长着小刺的舌头梳理毛发，再伸一个大大的懒腰，对着主人眯眯眼睛示好。

猫的眼睛会发光

　　猫咪是夜行动物，它们的眼睛在光线暗的地方能发出微光，看起来就像汽车的前照灯。这是因为它们眼睛里有个特殊的结构，能够吸收光线，并在较暗的地方反射出来。这让猫咪在夜晚也能看得清清楚楚。

瞳孔里的秘密

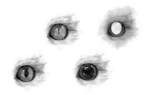

　　猫咪还能收缩瞳孔。在光线强烈的时候，它的瞳孔会缩成一条竖线。随着光线减弱，它的瞳孔会从竖线变为橄榄核状，最后变成可爱的圆形。

在人们的精心照顾下，宠物猫的寿命比野猫的要长10年，甚至更多。

最好的动物朋友

狗，脊索动物门，哺乳纲，食肉目，犬科

狗狗的品种非常丰富，每一种的外貌似乎都天差地别，这一点和其他宠物都不同。当狗狗被人抚摸的时候，会眯起眼睛，摇动尾巴，显得十分享受。其实早在石器时代，狗就被人类驯化，成为了人们狩猎和生活中的好伙伴。这让狗与人之间产生了牢固的情感，建立了跨越物种的友谊。

狗狗的工作

—— 不论是家养的宠物狗，还是流浪街头的狗狗，都值得被人尊重和关爱。

狗的嗅觉十分敏锐，因此我们经常能在地铁站、机场看到随时待命的警犬。

爱护我们的宠物

宠物狗也会患上各种疾病，但动物们的耐受能力比我们人类强很多，等到它们倒下的时候，已经错过了最好的救治时间。所以主人们一定要在平日里多留意宠物们的各种异常行为。

经过训练的导盲犬还能改变盲人的生活，让他们能够安全地走出家门。

慢性子的龟龟

龟，脊索动物门，爬行纲，龟鳖目，龟科

　　龟是爬行动物，通过产卵孵化出后代。但它们的体温并不像我们这样恒定，而是根据环境温度的变化而变化的，所以也叫作变温动物。这样一来，龟妈妈就无法用自己的体温孵化出宝宝了。不过，这可难不倒它们，龟妈妈有自己的办法，它们会借助沙土、阳光，甚至是植物腐败产生的热量，使蛋顺利孵化。

　　龟的种类十分丰富，但要注意的是，其中包含许多保护动物，个人是不能随意饲养的。

长绿"头发"的龟

　　由于龟活动慢，在水中时间长了，龟背就附着生长了藻类，这种龟被称为绿毛龟。能长成绿毛龟的必须是淡水龟，其中最常见的是黄喉拟水龟。

水龟的特点

　　生活在水里的龟类脚趾间都长着蹼，能够游泳生活。它们跟在陆地生活的龟类相比，背甲更薄，四肢也更扁平。

鳄龟　　　　缅甸星龟

猪鼻龟　　　　象龟

巴西红耳龟

　　人们饲养的最多的是巴西红耳龟。它们最典型的特点就是眼尾拖着一抹橘红色。

小蜗牛，大发现

蜗牛，软体动物门，腹足纲，柄眼目，蜗牛科

蜗牛们背着螺旋状的壳，缓慢向前爬行。你留意过吗？它们爬过的地方会留下一条黏糊糊的痕迹，这是蜗牛分泌的黏液，能让它们滑动起来更自如。蜗牛的腹足就像一个吸盘，又宽又扁，有着发达的肌肉，能让它们攀上垂直的墙面。寄居蟹会寻找不同的贝壳作为自己的家，但蜗牛的壳却是它们自身分泌的物质形成的，是身体的一部分。

神奇的壳

坚固的壳不仅能保护蜗牛柔软的身体，还会随着它们的成长而变大增厚。

蜗牛壳有两种旋转方向。把蜗牛壳的开口朝向自己，壳的顶端朝上，我们能观察到大多数的开口都位于右侧，少数的开口位于左侧。我们把这两种不同的旋转方式称为右旋和左旋。

流口水了！

蜗牛肉富含蛋白质，部分品种的蜗牛常常成为人们餐桌上的一道美食。

眼睛在哪里？

蜗牛的头上有两对"触角"，其中较长的那对位于头顶。蜗牛的眼睛就在这对长"触角"的尖端哟。

蝈蝈也爱叫

蝈蝈，即螽（zhōng）斯，昆虫纲，直翅目，螽斯科

蝈蝈的"叫声"很大，人们喜欢把它们养在竹笼中赏玩。和蟋蟀一样，它们的发声器就是两枚前翅，通过相互摩擦发出声响。蝈蝈都能发出声音吗？和许多昆虫一样，只有雄虫才会发声哟。

火眼金睛

蝗虫跟蝈蝈长得很像，不过蝗虫的翅膀比蝈蝈的长，而触角没有蝈蝈的长。

蝈蝈的后腿

蝈蝈的前两对较短的附肢是行走足，每一节的粗细都很均匀。而最后一对附肢是跳跃足，肌肉特别发达，能帮助它们有力地跳跃。

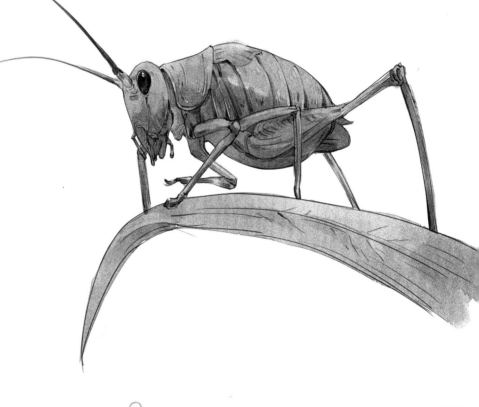

你知道吗？

大多数蝈蝈以植物为食，不过它们中的一些也会捕食其他昆虫，来补充蛋白质。蝈蝈粗壮的胸腹部却搭配着短短的翅膀，是不是很可爱呢？

屋外的动物们

　　走出家门，公园是我们最常能和动物们亲密接触的地方。鸟儿停在枝头鸣唱；如果我们往花丛间看去，还能发现飞舞的蜜蜂和蝴蝶；低头看看地上，也许就遇到了蚯蚓和蚂蚁。

　　公园里的动物很多，只要你留心观察，就能和它们来一次偶遇。

这只瓢虫几颗星？

瓢虫，节肢动物门，昆虫纲，鞘翅目，瓢虫科

最常见的瓢虫当属七星瓢虫了，它们的背甲是红色的，上面分布着7个黑色的斑点。瓢虫家族里还有二星瓢虫、四星瓢虫、六星瓢虫、双七星瓢虫、十星瓢虫、十一星瓢虫、十二星瓢虫、十三星瓢虫等等，不仅身上斑纹不同，它们还有橙色、黄色、黑色等不同的背甲底色。下次见到瓢虫的时候，你是不是想要数一数它背上的斑点呢？

厉害的演技

如果你捉到一只瓢虫，可能会发现它突然一动不动，但把它放在地上静置几十秒之后，它又开始伸展附肢了。这其实是瓢虫遇到危险时的一种策略——假死。

翅膀藏在哪儿？

别看瓢虫背着一副笨重的"铠甲"，其实它们的飞行翅被保护在这层坚硬的甲壳下。当要飞行时，它们会先打开这对鞘翅（前翅），再伸展开比身体长一倍的后翅，这个过程有点儿像机器人变形。

地球上有上百种不同的瓢虫。大多数瓢虫以一些危害农作物的昆虫为食，是农田里的守护者。

光彩夺目的金龟子

金龟子，节肢动物门，昆虫纲，鞘翅目，金龟子科

咦，阳光下谁在那里闪闪发光？原来是金龟子！金龟子的背甲在阳光下会泛出金属光泽，十分美丽。它们和瓢虫一样有着坚硬的鞘翅，这样的昆虫占了昆虫总数的 35% 左右，是数目最多的种类！

金龟子的幼虫

蛴螬喜欢蜷着身体。

金龟子的幼虫和蝉的一样，过着黑暗的地下生活，叫作蛴螬（qí cáo）。蛴螬爱吃植物的根茎或是幼苗，会导致植物缺乏营养或者直接枯萎。

金龟子家族

我们常见的金龟子科昆虫还有会倒着推粪球的蜣螂、色彩鲜艳的花金龟等。

你知道吗？

以植物为食的金龟子也是一类会传授花粉的昆虫。

松土小能手

蚯蚓，环节动物门，寡毛纲，单向蚓目，正蚓科

  蚯蚓属于环节动物，身上有一节节环带，虽然我们也能在昆虫的身上找到这样的环带，但并不像蚯蚓的这样粗细均匀。

  它们喜欢生活在潮湿的泥土里，寻找地下腐败的有机物为食。和食物一起吃进肚子的泥土，会被它们重新排出体外。有蚯蚓生活的泥土，总能保持土质疏松。蚯蚓还有很强的再生能力，当它们受伤后，能像壁虎断尾一样抛弃掉受伤的体节，继续存活。

前进的奥秘

  蚯蚓身上光溜溜的，看起来很像昆虫幼虫，但它们属于寡毛纲，也就是说它们其实还长着一些我们看不到的刚毛，帮助它们运动。

蚯蚓的冒险

  我们总能在夏天的暴雨后看到爬出泥土的蚯蚓，而离开湿润土壤的它们很容易被晒干。为什么它们要冒险来到地面呢？原来大雨浸润了泥土后，泥土中的空气无法及时和外界交换。小蚯蚓们在泥土中吸不到足够的氧气，就爬上了地面。

"喜"上枝头

喜鹊，脊索动物门，鸟纲，雀形目，鸦科

如果要从鸟类朋友中评选谁最有"人缘"，相信很多人都会选择喜鹊。喜鹊在中国的文化中是一种吉祥的鸟，名字也很好听。它们是一种习惯了城市生活的鸟，在人多的地方也能自在活动，还会把巢搭建在住宅附近。不过有时候我们会在喜鹊遗留下的巢里找到另一种鸟类——红隼（sǔn），它们不擅长筑巢，对喜鹊们打造的巢情有独钟，常常会占用喜鹊巢育雏。

喜鹊不好惹

喜鹊勇敢、好斗。也许你就能碰上喜鹊正和想要占巢的红隼打斗，或者几只喜鹊合力把猫赶走的场面。

火眼金晴

还有一种叫作灰喜鹊的鸟，它们的个头比喜鹊小一圈，尽管也有着黑色的嘴和脑袋，但它们的翅膀和尾羽是灰蓝色的，看起来像戴着一顶黑色的头盔。

喜鹊和乌鸦是近亲？

喜鹊和乌鸦都是鸦科的成员。喜鹊长着和乌鸦类似的黑嘴和黑脑袋，但有着蓝色的翅膀和长尾巴，搭配着白色的肚子，十分好认。

机灵的小麻雀

麻雀，脊索动物门，鸟纲，雀形目，文鸟科

　　如果说喜鹊是城市的常客，那麻雀就称得上是"城市永久居民"了。它们体形小巧，羽毛上夹杂着黑色和咖啡色，总能很好地隐藏在城市里的每个角落。我国的不同地方生活着不同种类的麻雀，它们都生性活泼大胆，和人们保持着刚刚好的距离。我们能欣赏到它们的可爱，它们也能自由地在城市里获得食物。

平衡大师

　　麻雀们喜欢成群地在屋顶、树枝或电线杆上休息和鸣叫，它们是怎么做到持久地站立而不掉落的呢？原来，这都是麻雀腿部一块叫作"栖止肌"的肌肉的功劳，在它的帮助下，麻雀抓握树枝的时候并不需要用力，反而在离开的时候才需要用力。

麻雀家族

　　城市里最常见的是树麻雀，它们有着圆圆的"黑脸蛋儿"。除了树麻雀之外，山麻雀、家麻雀和黑顶麻雀也是我国常见的种类。

30

害羞的刺猬

刺猬，脊索动物门，哺乳纲，劳亚食虫目，猬科

刺猬的身体圆滚滚的，背上密布着短刺，但四肢短短的，走起路来摇摇晃晃，可爱十足。因此我们常常忽略了它们身上的另一个特点：它们拥有能用来挖土的锋利爪子。毕竟野外的刺猬最喜欢的食物就是穴居的蚁类。

刺猬非常胆小，容易受到惊吓，喜欢安静又温暖的环境。当它们遇到危险的时候，会立起身上的刺、蜷成一团，保护住自己最柔软的肚子。

非洲刺猬是国外热门的陪伴宠物。

高产的妈妈

刺猬妈妈每胎能生下3~6个宝宝。刚出生的刺猬宝宝身上的刺还是软软的，伴随它们的成长，刺就会慢慢变硬了。

冬眠动物之一

寒冷的冬天里，刺猬会把心跳和呼吸都降到最慢，进入冬眠状态。

你知道吗？

其实刺猬才是短尾巴的"代言人"呢！你能找到它们的尾巴吗？

观察笔记：屋檐下的燕子

动物简介：家燕、脊索动物门，鸟纲，雀形目，燕科

记录：

　　小燕子背上披着藏青色的羽毛，还散发着金属的光泽。它们的嘴巴周围红扑扑的，像为了上台演出准备的妆面。飞行在空中的时候，我们不仅能看到它们洁白的肚皮，还能通过特殊的尾巴形状辨认出它们。

小燕子每年春天会返回去年的筑巢地点，在那里继续搭建鸟巢，繁育后代。在乡野的屋檐下，经常能发现燕子们的巢。

家燕一窝能产 4~6 枚蛋，经过 15 天左右的孵化，鸟宝宝们就要破壳啦！

刚出生的小燕子宝宝没有羽毛，也没有睁开双眼。在亲鸟的喂养下，只需要 20 天左右的时间，它们就能自己飞出鸟窝了。

小燕子真的很厉害！

小燕子喜欢吃虫子，它们的嘴巴也是尖尖的，啄起虫子来得心应手。而大多数喜欢吃种子的雀鸟们，长着厚厚的三角形的嘴巴，能够轻松嗑开坚硬的种皮。

观察笔记：勤劳的工蚁

动物简介： 蚂蚁，节肢动物门，昆虫纲，膜翅目，蚁科

记录：

　　我们经常可以观察到蚂蚁们排着长长的队伍，井然有序地行进，有些还搬运着食物碎屑。你知道吗？它们都是负责觅食的工蚁。翅膀退化的工蚁们能利用触角觅食。触角可以帮助它们闻到、摸到周围的东西，还有听觉的功能呢。

看看我发现的蚂蚁家族吧！

蚂蚁的卵是白色的。

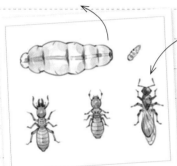

蚂蚁家族中个头最大、寿命最长的是蚁后，它在繁殖季节会长出翅膀，而和雄蚁交配之后，翅膀就会脱落。

工蚁的个头是最小的，但肩负的任务却最多。

　　有的蚁群中能找到下颚特别发达的兵蚁，它们负责保卫蚁群。兵蚁也是工蚁变化而来的。如果蚁群中没有兵蚁，那么安保的任务也会交给工蚁一起完成。

　　想知道蚂蚁们对什么样的食物更感兴趣吗？当我们找到蚂蚁活动的地方，可以在它们附近分别摆上甜的、咸的、酸的或辣的食物，看看哪种食物吸引的蚂蚁多，并记录下来。观察之前，请先大胆预测结果吧。

我的记录

在地上摆放蛋糕屑、食盐和米粒，结果跑向蛋糕屑的蚂蚁最多，米粒第二，而食盐没有蚂蚁光顾。

致谢

　　《藏在身边的自然博物馆》是原创的科普百科绘本，它的每一个字、每一幅画，都是"纯手工打造"。

　　两位主编是对科普创作抱有极大热忱的老师，长久以来，他们在各自的岗位上不遗余力地向少年儿童传播科学知识和科学精神。此次能够合作出版这系列体系庞大、知识面广泛的图书，依赖平时经验的积累，他们是希望借此触达更多孩子，启发孩子的科普兴趣，培养孩子的探索精神。

　　美术指导宋瑶老师带领的北京科技大学插画团队，历时2年多，用一笔一画描绘了大自然的鬼斧神工。

　　两位作者都是资深的童书作者，也是大自然的探秘者、动植物的爱好者。她们用一字一句勾勒了动物和植物的灵魂。

　　同时，下面这些人在《藏在身边的自然博物馆》的成功启动上起到了关键的作用。他们在科普知识的梳理上及在文字的反复雕琢上，都费尽了心血。他们有的是专门的动、植物研究人员，有的是青少年科普活动的组织者，有的是活跃在基础教育战线的实践者。在此，郑重对他们表示感谢：首都师范大学教师宋傲修，中国科学院植物研究所博士费红红、张娇、吴学学、单章建，中国林业科学研究院硕士肖群瑶，华中农业大学博士李亚军，北京林业大学硕士滕雨欣、学士石安琪。

　　《藏在身边的自然博物馆》在这样一个优秀团队的努力下，用这种图文并茂的方式呈现给小读者，希望能够激发大家观察自然、探索自然的兴趣，滋养热爱自然、保护自然的情怀。